Jacques Babinet

La Vie
aux divers âges
de la terre

essai

ISBN : 978-1540552549

10 9 8 7 6 5 4 3 2 1

Jacques Babinet

La Vie
aux divers âges
de la terre

essai

Table de Matières

Section I.

La *longévité humaine*, la *quantité de vie sur le globe*, l'*époque de l'introduction de la vie sur notre planète*, ce sont là diverses questions sur lesquelles l'attention du public a été appelée récemment,[1] et dont je voudrais dire quelques mots, en m'arrêtant de préférence aux deux dernières, qui s'écartent moins du cercle habituel de mes études. L'occasion s'offrira ainsi d'indiquer ce que l'état actuel de la science expérimentale peut nous faire espérer sur la solution de quelques problèmes jugés jusqu'ici hors de la portée de l'esprit humain.

La recherche des limites de la vie et des moyens de la prolonger intéresse tout homme sur lequel la crainte ou l'espérance, la curiosité ou la science, peuvent avoir prise, c'est-à-dire le genre humain tout entier. Si, comme l'a dit Franklin, le temps est l'étoffe de la vie, cette étoffe, fût-ce même la guenille de Molière, nous est chère, et depuis que notre mère Ève a préféré la science aux jouissances du bien-être matériel, le genre humain a toujours été plus sensible à la curiosité et à l'émotion qu'attaché à la possession calme des avantages obtenus. Les chercheurs de la pierre philosophale se proposaient deux choses : faire de l'or pour acquérir ce qui représente tous les agréments de la société, et ensuite obtenir la perpétuité de la vie et de la santé pour jouir indéfiniment de ces biens. En compulsant tous les vœux et toutes les prières adressés au ciel, soit païen, soit chrétien, on retrouve toujours les mêmes demandes et les mêmes désirs. C'est le mot d'Horace :

Det vitam, det opes.

De même, dans les consultations réclamées des oracles et des devins, il est rare que les deux objets de la pierre philosophale n'entrent pour une bonne part. Telle est la physiologie de l'âme humaine : au lieu de définir avec les naturalistes l'homme comme étant l'animal à deux pieds et à deux mains, on aurait pu le caractériser par le désir de connaître l'avenir, et surtout, dans cet avenir, la durée de la carrière qui lui est réservée parmi les vivants.

En traçant les conditions de la longévité et en assignant les limites

---

1 Par le livre de M. Flourens, *de la Longévité humaine et de la quantité de vie sur le globe*, 3ᵉ édition, Paris 1856.

Jacques Babinet

de la vie, M. Flourens, sous plusieurs points de vue, a contribué notablement, nous le croyons, à reculer ces limites pour un grand nombre d'esprits inquiets qui trouvent dans *l'hygiène de l'espérance* une véritable pierre philosophale. M. Flourens débute par l'exemple célèbre de Cornaro, qui voulut mourir centenaire, et qui y parvint au moyen d'une vie exempte d'excès. La Providence, selon le savant académicien, a voulu donner à l'homme une *vie séculaire*. « Avec nos mœurs, nos passions, nos misères, l'homme ne meurt pas, il se tue. » Là, comme dans bien des choses, vouloir c'est pouvoir. Dans le cadre des évènements dont j'ai été témoin moi-même, je puis citer M. D… qui, consultant, il y a longues années, un célèbre médecin français, reçut cette réponse peu agréable : « Vous mourrez bientôt. — Mais n'est-il aucun moyen de conjurer cette fatalité ? — Oui, mais le moyen est au-dessus de vos forces. — Comment ? — Il vous faudrait un régime que vous n'aurez pas le courage et la volonté constante de suivre. — Je voudrai. — J'en doute. — Je voudrai, vous dis-je, répondit le long, pâle et faible malade. — A ce prix, vous vivrez. » Or M. D… vit encore après plusieurs décades d'années écoulées depuis la consultation, et le régime sévère auquel il a eu le courage de se soumettre l'a préservé.

Je n'ai pas besoin de dire que l'ouvrage de M. Flourens est non-seulement un livre scientifique dans les chapitres où il traite de la physiologie, de la psychologie, de la pathologie et de l'hygiène de la vieillesse, mais encore un livre moral, en ce qu'il met la longévité au prix du renoncement à tout excès et à toute passion désordonnée, et qu'il admet l'hygiène ou la santé de l'âme comme aussi essentielle à la longévité que celle du corps. C'est le μηδέν ἄγαν des sages de la Grèce, lequel est traduit littéralement par le *rien de trop* de notre La Fontaine. Beaucoup de personnes se sont imaginé que ce n'était qu'au prix du renoncement à toutes les jouissances de la vie que M. Flourens obtenait une sorte d'impassibilité très saine pour le corps, mais qui réduirait l'homme à une mort anticipée, en le condamnant à une sorte d'automatie imbécile qui ne lui permettrait de se préoccuper que de ce qui est bon ou nuisible à la santé. Cependant user, ce n'est pas abuser, et M. Flourens établit fort bien qu'en recherchant les avantages qui sont l'apanage de chaque période de la vie, il n'est guère d'âge qui ait quelque chose à envier à un autre âge. C'est surtout pour la vieillesse que l'auteur montre

Section I.

que l'homme est alors bien loin d'être déshérité, au physique et au moral, de tous les biens de la vie. Seulement il ne faut pas vouloir l'impossible, et, suivant le proverbe, « il faut chercher de l'eau dans son puits. »

Par de bonnes raisons physiologiques et anatomiques, M. Flourens prolonge, c'est son expression, la durée de la première enfance jusqu'à 10 ans. Il fixe le terme de l'adolescence à 20 ans, celui de la première jeunesse à 30, de la seconde jeunesse à 40 ans. Le premier âge viril va de 40 à 55, et le second de 55 à 70. L'âge viril est l'époque forte de la vie. À 70 ans commence la première vieillesse, qui s'étend jusqu'à 85 ans. À 85 ans commence la seconde et dernière vieillesse, dont le terme doit atteindre au moins le siècle entier. Les livres saints plus généreux, portent la limite de la vie à 120 ans. *Erunt dies hominis centum viginti annorum.*

Parmi les excellentes choses que contient le livre de M. Flourens se trouve cette remarque importante, que, tandis que l'on a beaucoup parlé de l'influence du physique sur le moral, on a oublié de mentionner l'influence non moins puissante du moral sur le physique. En ce sens, la culture intellectuelle, qui donne la santé morale, est une véritable hygiène pour le corps. Le secret des cures merveilleuses que font beaucoup de charlatans est évidemment dû à ce puissant antidote *moral*, l'espérance, qu'ils administrent si libéralement et à si grandes doses. Dans les crises épidémiques, la consternation générale et la dépression des forces vitales qui s'ensuit agissent d'une manière désastreuse sur les populations concentrées, en sorte qu'une partie notable de ceux qui succombent meurent, non pas du fléau, mais bien de la peur. En disant aux vieillards qu'ils doivent atteindre 100 ans, et aux centenaires qu'ils peuvent à toute force arriver à deux siècles, M. Flourens ôte à la vieillesse toute préoccupation de fatalité inévitable. La Fontaine a dit :

Est-il un seul moment

Qui vous puisse assurer d'un second seulement ?

M. Flourens dit bien plus sagement : Est-il un âge si avancé qui ne vous laisse l'espoir d'en atteindre un plus avancé encore ?

L'homme de toutes les nations, de toutes les races et de tous les climats possède le même degré de longévité : c'est un point que M.

Jacques Babinet

Flourens admet avec Buffon. L'empereur Claude, dans l'orgueil de
la pourpre romaine, disait insolemment que tout homme qui ne
naissait pas roi était un sot : *Aut regem aut fatluum nasci oportere.*
Admettons que tout homme qui ne meurt pas centenaire est une
dupe, et réglons-nous là-dessus ! Cette assertion sur l'égale longévité
dans tous les climats me paraissait contraire toutefois à ce qu'on
raconte de la prétendue longévité des habitants du Nord. Je suis
donc allé consulter là-dessus M. le capitaine d'Arpentigny, qui vient
de publier la deuxième édition de son traité curieux de la *Science
de la Main* ou *Chirognomonie.* C'est une des plus intéressantes
études des rapports du moral au physique, science assez négligée
de nos jours. M. d'Arpentigny est un excellent observateur ;
laissons-le parler. « En revenant de Russie, où j'étais prisonnier de
guerre, j'avais pour guide de ma voiture ou chariot un centenaire
fort actif. En passant près d'un champ à moitié moissonné, il nous
offrit de nous montrer son père encore vivant. Nous vîmes assis
sur quelques gerbes un vieillard que la décrépitude paraissait avoir
respecté, ayant une très belle et longue barbe blanche, et fixant ses
yeux sur le soleil, qui était à ce moment très vif et très éclatant. Là-
dessus on nous dit que depuis plusieurs années ce vieillard était
aveugle ; il avait alors 125 ans, et je remarquai avec étonnement
que l'extrémité inférieure de sa barbe était noire ; on nous dit que
c'était à cause de son très grand âge, et que c'était un signe de mort
prochaine quand la barbe et les cheveux noircissaient ainsi, et
que les dents repoussaient aux gens très âgés. » M. d'Arpentigny
remarque judicieusement que les centenaires fixent l'attention en
Russie comme ailleurs. C'est donc un cas exceptionnel, et par suite
la longévité n'y est pas plus grande que chez nous. Là, comme en
France, c'est le privilège de certaines familles, dont presque tous les
individus atteignent un âge très avancé.

Le genre de vie ne paraît pas non plus avoir beaucoup d'influence
sur la longévité. Un célèbre magistrat anglais, qui avait occasion
de voir à la barre de son tribunal un grand nombre de personnes,
s'informait exactement de tous les vieillards quel avait été le régime
qui leur avait si bien réussi. La seule chose qui se trouvât commune
à tous, ce n'était pas un genre de vie spécial, c'était *l'habitude de
se lever matin.* C'est donc une prescription hygiénique à ne pas
oublier. On trouve dans le livre de M. Flourens plusieurs données

curieuses sur la longévité des animaux, et sur le rapport de la durée de la vie avec la durée de la croissance de l'animal. L'ouvrage est aussi utile par les erreurs qu'il détruit que par les vérités qu'il proclame. Je ne connais rien de certain, dit l'auteur, touchant la vie des oiseaux. Cependant le corbeau, le perroquet et le cygne paraissent pouvoir arriver à être centenaires. L'auteur admet encore qu'après l'âge ordinaire de 100 ans, la vie de l'homme peut se prolonger au double. Il cite l'exemple de Parr, qui vécut 152 ans et mourut d'accident, puis celui de Jenkins, qui arriva à 169 ans et qui fut appelé un jour à rendre témoignage sur un fait dont la date remontait à 140 ans. On lui consacra une pierre tumulaire dans l'église de sa commune natale, et j'ai récemment montré à l'Institut son portrait dans une vieille gravure, qui fut regardée avec empressement par toutes les personnes présentes à la séance.

M. Flourens indique les circonstances physiologiques qui lui servent à fixer la durée des divers âges dans la vie de l'homme ; j'omets ici les termes techniques. Il y a bien du temps que j'ai oublié mes études anatomiques et physiologiques avec Magendie, Un candidat (le candidat est toujours au moins bienveillant, sinon flatteur, pour l'académicien dont il demande la voix), un candidat, dis-je, me rappelait que nous avions assisté ensemble aux leçons expérimentales de l'illustre maître, et me demandait si j'avais continué à suivre les progrès de la physiologie depuis cette époque. Je lui répondis que j'étais en physiologie de la même force que l'était M. Ampère aux échecs, c'est-à-dire *que je n'étais d'aucune force*.[1] Qu'il me soit permis cependant, malgré mon incompétence,

1 Il faut savoir que ce profond savant avait quelques prétentions à bien jouer ce que Delille appelle

   … le jeu rêveur qu'inventa Palamède.
Il consultait un jour en ces termes un naïf employé du Café de la Régence : — Vous êtes de première force aux échecs ? — Oui, monsieur ; mais il y a encore deux ou trois personnes qui sont au-dessus de moi. — Quels sont ceux de deuxième force ? — MM. tels et tels. — Et ceux de troisième force ? — L'employé désigne un grand nombre de personnes sans y comprendre M. Ampère. — Et moi ? dit timidement celui-ci, de quelle force suis-je ? — Oh ! vous, monsieur, repartit le candide interlocuteur, vous *n'êtes d'aucune force*. — Or voici le sens moral de mon récit : c'est d'arriver, à propos d'échecs, à rectifier l'énorme bévue faite par mon apprenti-géomètre, et dont j'ai très étourdiment endossé la responsabilité dans l'étude sur les *calculs transcendants*. En additionnant tous les grains de blé de chaque case,

d'insister, d'accord avec M. Flourens, sur la force vitale qui réside en chaque individu, et qui fait que la santé n'est pas un état incertain et instable toujours prêt à faire place à la maladie. Non, l'être vivant a été sagement organisé pour sa conservation, et s'il survient quelque dérangement, il tend à reprendre sa condition normale et fixe, qui est la santé. Je ne connais pas d'état plus malheureux que celui de malade imaginaire ; c'est presque une monomanie flottant continuellement entre la crainte et les remèdes, sans sortir du malheur. Je doute que la grande autorité du secrétaire perpétuel de l'Académie des Sciences guérisse aucun de ces infortunés.

Section II.

Le livre de M. Flourens contient deux autres parties, l'une relative à *la quantité de vie sur notre globe*, et la seconde à *l'apparition de la vie sur cette planète*. Buffon avait déjà admis que la quantité de vie qui existe *sur la terre est toujours la même* ; on sait que Buffon, comme plusieurs penseurs de son époque, admettait un certain nombre de particules organiques qui étaient indestructibles, et qui formaient par leur ensemble la masse totale de vitalité existant sur notre terre. Nous savons si peu de chose sur la nature de la force vitale, que la théorie de Buffon et des naturalistes de son temps a toujours paru fort hypothétique. L'observation nous montre clairement une différence tranchée entre les phénomènes de la vitalité et ceux de la nature inorganique compris dans les lois de la mécanique, de la physique et de la chimie ; mais la personnification, l'individualité de la force vitale nous échappe aussi bien que l'essence de la volonté animale ou de l'âme humaine. M. Flourens, rejetant les molécules organiques de Buffon, s'exprime ainsi : « J'étudie la *vie* dans les *êtres vivants*, et je trouve deux choses : la première, que le nombre des *espèces* va toujours en diminuant depuis qu'il y a des animaux sur le globe, et la seconde, que le nombre des *individus* dans certaines *espèces* va toujours en croissant, de sorte que, à tout prendre et tout bien compté, le *total de la quantité de vie*, j'entends

---

on trouve : 18,446,744,073,709,551,615 grains, lesquels, à raison de 1,800,000 grains par hectolitre, donneraient 10,248,191,152,000 hectolitres, qui, à 10 francs seulement l'hectolitre, vaudraient 102,482 milliards. Voici la rectification qui m'a été indiquée par plusieurs correspondants bénévoles, que je remercie sincèrement.

le *total de la quantité des êtres vivants*, reste toujours en effet, comme le dit Buffon, à peu près le même. » A mon tour, je ne vois pas quelle mesure, quelle pesée, quelle estime quantitative on peut faire de la vie pour affirmer qu'elle est à peu près toujours la même. La prédominance de l'homme et des animaux domestiques qu'il fait subsister autour de lui semblerait faire penser que la vitalité terrestre s'augmente de jour en jour. M. Flourens trace ici un beau tableau des espèces anéanties depuis les temps historiques. La race sauvage du bœuf, du cheval, du chameau, du chien, a disparu. On peut ajouter que le mouton et la chèvre ne sont que des domestications fort douteuses du mouflon et du bouquetin. Le loup a disparu de l'Angleterre, et il tend à disparaître de la France. Suit un tableau encore plus brillant des espèces antédiluviennes qui ont abandonné notre terre depuis un temps plus ou moins long : le mammouth, le mastodonte, dont on exploite encore l'ivoire fossile, le dinothérium, le mégathérium, tous gigantesques. Enfin la conclusion remarquable de M. Flourens est qu'à part l'homme, toutes les espèces actuelles existaient dans le monde primitif. Il faut lire dans son livre cette savante exposition, où la question est nettement posée, les faits interprétés sans ambiguïté, et d'où il résulte enfin que par rapport au nombre des espèces et à leurs variétés les êtres vivants actuels ne sont qu'un reliquat assez pauvre en espèces, s'il est riche en individus.[1] J'omets mille belles pensées et des dissertations fondamentales sur les générations spontanées, les germes préexistants. Il faut tout lire et tout méditer dans l'ouvrage de M. Flourens, et ce n'est pas seulement un livre de compilation et de réflexions sur des faits étrangers à l'auteur : on y trouve le résultat de plusieurs recherches expérimentales qui lui appartiennent sur le croisement des espèces, sur le type propre à chacune, sur l'évolution des parties constituantes des animaux et notamment des os. Dans la troisième partie, les théories géologiques sont clairement exposées, quoique en peu de mots, et la date récente de l'état actuel du globe est mise en évidence.

Ainsi que nous venons de le dire, M. Flourens admet la fixité et l'immutabilité des espèces animales, et le monde organique actuel

---

1 M. Isidore Geoffroy Saint-Hilaire donne pour le recensement de la nature vivante d'aujourd'hui deux cent soixante mille êtres distincts, tant animaux que végétaux.

Jacques Babinet

lui paraît, quant à leur nombre, bien inférieur à la population de la nature primitive. C'est assez humiliant pour notre époque. De plus, les espèces que nous possédons sont plus petites que les espèces antédiluviennes. L'éléphant seul soutient un peu l'honneur du monde actuel, mais il n'occupe plus comme autrefois la terre entière, du pôle à l'équateur. Je ne vois cependant pas, dans les dépouilles fossiles des mammifères, des reptiles et des poissons les plus gigantesques, rien de comparable à nos baleines et à nos cétacés, dont la taille paraît atteindre quelquefois jusqu'à 100 mètres de longueur.[1] Est-il dans tous les monstres antédiluviens, aquatiques ou continentaux, un squelette qui, dressé le long du portail de Notre-Dame de Paris, en dépasserait les tours de la moitié de leur hauteur ? La terre de ce siècle n'est donc pas, sous le rapport de la vitalité dominant une grande masse de matière, en infériorité avec la terre des siècles antérieurs.

En admettant que toutes les espèces actuelles existaient dans le monde primitif, M. Flourens échappe à bien des difficultés que l'école opposée rencontre sur sa route. Sans vouloir me prononcer contre l'autorité du savant académicien, j'avoue que mes sympathies sont pour l'école de Geoffroy Saint-Hilaire, qui nous montre les développements successifs des germes primitifs des espèces animales et végétales, sous les influences extérieures, donnant naissance à des espèces nouvelles et réalisant une sorte de création moderne dont la sagesse industrieuse de la puissance créatrice a préparé d'avance la possibilité et les moyens. Elle a établi les lois de la nature à l'origine des choses, et elle les suit sans y déroger, puisqu'on ne peut pas admettre une imprévoyance de sa part ; c'est le *semel jvssit, semper paret* de Sénèque. Dieu a ordonné une première fois, et il s'obéit ensuite toujours à lui-même. Abordons avec ces idées l'école de Geoffroy Saint-Hilaire, qui admet expressément qu'il existe aujourd'hui des espèces animales et végétales que le monde précédent ne possédait pas.

Quoique ayant suivi personnellement et à l'époque où ils se sont produits, tous les débats des deux écoles que l'on désignait sous les

1 Fait déjà consigné dans la *Revue* et vivement contesté, quoique extrait textuelle ment de Lacépède (*Hist. nat. des Cétacés*). Je n'ai pu obtenir de nos naturalistes, et encore à grand'peine, que des baleines d'une dimension égale à la colonne de la place Vendôme (43 mètres). J'avais beau dire avec Molière : « Eh ! monsieur, un petit mulet ! »

Section II.

noms de Cuvier et de Geoffroy Saint-Hilaire, je n'entrerai point dans le fond de la discussion, que je voudrais voir traité par des autorités plus compétentes. L'école de Geoffroy, avec ses idées sur l'unité de composition, nous montre dans tous les êtres des organes rudimentaires, véritables pièces d'attente pour un développement tout autre que celui que les circonstances particulières ont fait suivre à l'espèce spéciale qu'on étudie. La théorie des analogies, des connexions et du balancement des organes, les vues exposées sur la signification et le rôle des organes rudimentaires, toute l'immense théorie des monstruosités qui décèlent les tendances de la nature quand elle est affranchie du joug des circonstances ordinaires, un étroit *finalisme* exclu de la science, enfin ce que M. Isidore Geoffroy Saint-Hilaire, son fils, caractérise nettement par les mots suivans : réfutation de l'hypothèse de l'immutabilité des espèces, — influence modificatrice des circonstances extérieures, — possibilité que les races actuelles descendent des races antiques [1] : — tous ces vastes travaux d'Etienne Geoffroy Saint-Hilaire et de son école nous invitent à transporter sous son buste, et au même titre, l'épigraphe inscrite sous celui de Buffon : *Génie de pair avec la majesté de la nature.*

Majestati naturae par ingenium.

Écoutons M. Isidore Geoffroy Saint-Hilaire : « Rien de plus séduisant pour l'esprit, au premier abord, que la doctrine des causes finales ; rien de plus contraire à la saine philosophie que les abus qu'on en a faits et qu'on en fait chaque jour encore. Les livres sont pleins de raisonnements où la puissance providentielle de Dieu est représentée comme intervenant dans la conservation des espèces, non par ces lois d'harmonie qu'elle a posées à l'origine des choses, mais par des soins apportés minutieusement et spécialement à chaque être… Au lieu d'observer ce que Dieu a fait, on ose imaginer ce qu'il a voulu faire. »

Beaucoup d'esprits timorés craignent qu'en reportant l'intervention de la puissance créatrice dans une sphère plus élevée et plus éloignée des phénomènes qui nous touchent pour ainsi dire, on n'ait l'intention de l'écarter tout à fait. Or le progrès des sciences, en montrant le faible de toutes les théories, a marché parfaitement

1 Voyez l'ouvrage de M. Isidore Geoffroy Saint-Hilaire : *Vie, travaux et doctrine scientifique d'Etienne Geoffroy Saint-Hilaire*, Paris 1847.

Jacques Babinet

en sens contraire de cette crainte. C'est un mauvais cadeau à faire à la suprême puissance que de lui mettre dans les mains les actions immédiates de la nature. Boileau a dit en vers : « Pour moi, je crois que c'est Dieu qui tonne ! » D'accord, mais pourquoi ne tonne-t-il pas en hiver, où les hommes sont aussi méchants qu'en été ? Lucrèce, le philosophe païen, dit bien mieux : « On frémit sous les coups du tonnerre parce qu'on redoute d'être appelé subitement à rendre compte de sa vie ! » Mettre les météores dans les mains de la Divinité, c'est lui imposer la responsabilité de toutes les bizarreries intentionnelles et de toutes les maladresses de ces aveugles produits des lois de la nature. Chateaubriand a donné droit de cité dans le domaine de la littérature à ce vieux dicton : « Si Dieu a fait l'homme à son image, l'homme le lui a bien rendu. » C'est une profonde vérité jetée en riant. Hâtons-nous de dire que, comme Etienne Geoffroy Saint-Hilaire et son fils n'ont jamais manifesté aucune tendance a la prétention d'être ce que le siècle de Louis XIV appelait des *esprits forts*, et celui de Louis XV des incrédules, toute maligne interprétation de leurs paroles tomberait dans le domaine de la calomnie.

Voici un passage précis : « Les animaux sont-ils variables sous l'influence des circonstances ?... La réponse ne saurait être douteuse ni à l'égard des individus, ni à l'égard des races et de ces groupes d'individus que nous appelons espèces. » M. Isidore Geoffroy Saint-Hilaire ajoute que c'est l'expérience seule qui peut trancher la question. Il cite Bacon disant il y a deux siècles : « Tentez de faire *varier les espèces elles-mêmes, seul moyen de comprendre comment elles se sont diversifiées et multipliées.* » L'auteur conclut que la domestication et ses influences ont déjà réalisé l'idée de Bacon. Je ne suis pas de son avis. Il indique ensuite très bien que si on joint aux effets des causes actuelles les effets de celles qu'ont introduites les révolutions physiques du globe, on ne sait plus où s'arrêter dans les conjectures. Dans l'état présent de nos connaissances sur la nature physique et sur la nature organique, il y a lieu de soumettre cette question à un examen expérimental.

Je ne puis résister au désir d'égayer mon sujet en indiquant de quelle manière on interprétait au commencement de ce siècle les idées de Lamarck sur les variations que les circonstances extérieures pouvaient amener dans les espèces. Prenez un cheval

Section II.

et placez son râtelier de plus en plus haut chaque jour ; l'animal, forcé de lever la tête chaque jour de plus en plus pour atteindre sa pâture, s'allongera le cou et les jambes de devant, et votre cheval deviendra un chameau ou une girafe. Placez une poule près d'un étang, avec la nécessité de se nourrir des poissons et des mollusques de l'eau : par suite des efforts qu'elle fera pour atteindre les objets sans se mouiller le corps, ses pattes s'allongeront, son cou et son bec subiront un allongement correspondant. Votre poule sera devenue un héron, le vrai héron de La Fontaine, *le héron au long bec, emmanché d'un long cou et allant sur ses longs pieds* ! Je n'ai pas besoin de dire qu'il ne suffirait pas que la poule fut devenue héron, il faudrait, pour constituer l'espèce, que la poule pût transmettre par voie de génération sa qualité de héron à ses descendants et la perpétuer indéfiniment. Quant au régime du cheval, rien n'aboutirait à faire d'un animal à pieds ensabotés un animal non solipède, sans compter mille et mille autres difficultés.

Revenant au côté sérieux de la question, et admettant, avec l'école de Geoffroy, « qu'il existe aujourd'hui sur notre globe des espèces inconnues au monde antédiluvien, » ce qui est l'opinion actuellement triomphante, comment introduirons-nous ces espèces dans le monde de nos jours ? L'autorité de la Genèse est favorable à la production naturelle des êtres. C'est à la terre qu'il est ordonné de produire les plantes et les arbres, ensuite il est ordonné aux eaux de produire les poissons, puis de nouveau il est dit à la terre de produire les animaux. Ailleurs on trouve que tout a été créé à la fois par l'Éternel : *Qui vivit in æternum creavit omnia simul.* Donc pas de créations successives.

Certains « organisateurs de mondes » appellent, à chaque crise générale, la puissance créatrice à réparer les pertes qu'a éprouvées la création antérieure par un véritable supplément de création. À ce prix, j'aime encore mieux croire, avec M. Flourens, à l'immutabilité des espèces et à la diminution de leur nombre. La doctrine des créations successives, qui accuse la puissance suprême d'imprévoyance ou d'impuissance à préparer les changements de la vie sur notre globe, me paraît une vraie *réduction à l'absurde*. Homère, dit Cicéron, transportait aux dieux, dans ses fictions, les *choses* humaines : j'aimerais mieux qu'il eût transporté les *choses* divines aux hommes ! Toutes les fois que l'intelligence

Jacques Babinet

de l'homme veut essayer de comprendre la puissance créatrice, la voix de la raison lui crie : Monte, monte encore, monte toujours ! Puis, quand elle est au plus haut point où elle peut atteindre, elle est encore aussi éloignée du but qu'au moment du départ. Les Athéniens avaient élevé une statue Θεω άγνωστω, mots que l'on traduit ainsi, avec saint Paul : Au dieu inconnu. Le vrai sens est littéralement : *Au dieu inconnaissable*, sens aussi profond qu'il est incontestablement vrai.

Je n'ai point à m'étendre d'ailleurs sur cette question de l'immutabilité des espèces après ce qui en a été dit dans une excellente étude publiée ici même,[1] et où je regrette seulement de ne pas voir mentionné le singe fossile d'Athènes, dont tous les naturalistes ne parlent aujourd'hui qu'avec amour et passion (*con amore*). — Avez-vous vu le cinquième singe fossile, celui d'Athènes ? — Pas encore. — Venez, allons-y tout de suite ; — Mais je suis fort occupé d'un sujet tout à fait différent. — C'est un objet unique ; allez-y dès que vous aurez un instant disponible. — Je n'y manquerai pas.

D'où vient donc le débat entre les partisans de l'existence d'espèces nouvelles, ayant paru depuis la dernière catastrophe, et les partisans de l'opinion que toutes les espèces actuelles ont leurs représentant dans la nature fossile ? Évidemment de ce que les uns admettent comme caractères essentiels de non identité ce que les autres regardent comme de simples variétés, — par exemple les différences qui, dans l'espèce humaine, existent entre la race caucasique d'Europe et la race nègre d'Afrique. Je dois dire, pour n'omettre aucune des pièces du procès, que la doctrine moderne des développements embryonnaires semble favorable à la production d'espèces nouvelles. Pour sortir d'embarras sans interroger la paléontologie, l'embryogénie, la physiologie, l'anatomie et l'histoire naturelle, cherchons maintenant ce que l'expérience directe, absolue, ou, même encore plus modestement, ce qu'un plan d'expériences directes peut nous faire espérer de lumières dans un sujet si obscur.

---

1 *Revue des Deux Mondes* du 15 mai — *la Paléontologie*, par M. Laugel.

Section II.

Section III.

Abstraction faite de tout ce qui précède, je pose cette question hardie : la physiologie expérimentale peut-elle nous fournir des lumières pour la solution du problème de la fixité des espèces ou de leur altération fondamentale sous l'influence des agents extérieurs ? Peut-on, en plaçant des plantes ou des animaux dans des atmosphères artificielles, avec des circonstances de chaleur, de lumière, d'humidité convenables, en modifier tellement la constitution, qu'il se produise des espèces nouvelles ? En agissant sur des germes, des graines, des œufs, du frai, des embryons, obtiendrait-on d'autres espèces que celles qui, dans la nature de nos jours, résultent du développement de ces rudiments d'êtres vivants où brillent si merveilleusement l'art et l'industrie de la puissance créatrice ? Ici le microscope, en sondant l'infiniment petit, rencontre encore plus de *dessein*, d'*intention*, de *fait-exprès*, que n'en peut conjecturer le télescope en sondant l'infiniment grand des cieux, ces nuages de poussière céleste dont chaque grain est un soleil, et cet entassement de pareils nuages les uns derrière les autres, à une distance telle qu'un rayon de lumière, qui en une seconde fait sept ou huit fois le tour de la terre, mettrait un *million d'années*(365,000,000 de jours !) à nous arriver des plus lointains de ces soleils visibles. Entre les questions qui se rapportent à la matière inerte et celles qui ont pour objet la nature vivante, soit végétale, soit animale, la différence de difficulté est immense, et les progrès très inégaux que l'esprit humain a faits dans ces deux ordres de sciences sont là pour en attester l'inégale complication. L'étude microscopique du développement du germe d'un grain de blé surpasse tous les miracles du ciel des astres, et confirme le sens de ces deux beaux vers :

Maximus in minimis certè Deus, et mihi major

Quam vasto cœli in templo, astrorumque catervà.

« C'est dans les petits objets que la puissance divine se montre la plus grande, plus grande que dans la vaste étendue du ciel et le cortège imposant des astres. »

J'ai déjà plusieurs fois dans cette *Revue* mentionné les travaux de

Jacques Babinet

M. Ville,[1] que l'Académie des Sciences connaît et estime pour de nombreuses recherches de physiologie végétale. Approuvées par les rapports des commissions nommées pour les juger, ces recherches ont été exécutées au moyen d'appareils de dimensions inusitées, qui permettent de faire vivre les plantes dans des atmosphères artificielles sans cesse entretenues à la même composition par des courants de gaz réglés avec la dernière précision, au moyen de réservoirs immenses gradués de même dans leur écoulement. L'air, les plantes, le sol sont ensuite analysés chimiquement, et contraignent la nature à répondre à cette question : Qu'as-tu fait ici ? La tendance des travaux de M. Ville m'a toujours paru s'accorder on ne peut mieux avec la possibilité d'une solution du problème de la modification des espèces, soit végétales, soit animales. Les curieux résultats qu'il a obtenus dans des serres qu'il mettait au régime de l'acide carbonique et de l'ammoniaque, et où les plantes prenaient un développement immense, — ses travaux persévérants de physiologie végétale, ses opinions basées sur des faits observés, ses présomptions appuyées sur des analogies plausibles, — tout me désignait M. Ville comme pouvant apprendre aux lecteurs de la *Revue* ce qu'on peut *espérer de savoir* sur la transformation des espèces autrement qu'on n'a pu le faire jusqu'ici en compulsant, à grands frais de temps, de voyages, de fouilles, etc., les annales de la nature écrites dans les débris des êtres qui ont peuplé la terre avant nous.

Malgré la répugnance de ce savant éminemment sérieux et positif à se lancer dans des spéculations anticipées ayant pour objet l'influence du monde ambiant sur les êtres vivants, j'ai pu obtenir de M. Ville une conférence que je laisserai ici dans la forme même où elle a été notée à plusieurs reprises. Cette conférence répond à peu près à ce que les Anglais appellent *cross examination*. On désigne ainsi des *enquêtes à fond*, obtenues des personnes compétentes sur une matière donnée, et qui doivent fixer l'*opinion probable*, sinon la conviction pour tous les amis de la vérité. Ici c'est beaucoup d'entrevoir la possibilité d'une solution dans une question jugée par tous comme placée hors de la portée du génie de l'homme.

---

1 *Recherches expérimentales sur la végétation*, par M. George Ville, Paris, 1853. — *Mémoires* du même auteur, et *Rapports* à l'Académie des Sciences sur les travaux de M. Ville *Comptes-Rendus de l'Institut*, 1855 et 1856.

Section III.

Ce sera beaucoup si les esprits sérieux admettent que, grâce aux travaux et aux présomptions de M. Ville, nous faisons passer ces importantes questions du domaine de l'*inconnaissable* dans le domaine un peu moins désespéré de l'*inconnu*. Pauvre progrès ! dira-t-on. Quoi ! se féliciter d'être arrivé, comme Socrate, à savoir qu'on ne sait rien ! Oui, mais avec ce correctif qu'on pourra peut-être savoir un jour. Comme j'ai à ménager ici les scrupules d'un jeune savant que je lance bien malgré lui dans une carrière qui répugne à ses habitudes, je citerai ces belles paroles de Newton qu'il applique à ses travaux sur le système du monde : « Dans une matière si abstruse, le lecteur est prié de ne pas tant songer à blâmer les erreurs qu'à faire des efforts ultérieurs pour arriver à la connaissance de la vérité. »

On ne peut trop redire que la force vitale dans les plantes et dans les animaux établit une différence tranchée entre les phénomènes de la vie et ceux que la matière inerte offre à nos observations. La matière purement matière obéit aux lois de la mécanique, de la physique et de la chimie, sans choix, sans exception, sans dérogation aucune. Là tout est absolu. Dans les êtres vivants au contraire, il y a une perpétuelle dérogation à ces lois. La volonté et l'organisme produisent le mouvement, les lois physiques de la matière y sont en défaut, et il se forme sous l'empire de la vie des composés chimiques que le laboratoire lui-même, quoique plus intelligent que la nature, est impuissant à réaliser. De plus, chaque être vivant est un ensemble isolé du monde entier, et, suivant la belle expression de la Bible, un tout ayant en soi *un germe de reproduction*. C'est là un caractère fondamental. Un jour que je faisais admirer à un penseur une locomotive où le moteur de Séguin pour la vapeur animait la mécanique non moins admirable de Stephenson : « Ne voilà-t-il pas, lui dis-je, un véritable animal travaillant pour l'homme et créé par lui ? » Le philosophe me répondit : — Il vous manque, pour rivaliser avec Dieu, de pouvoir établir un haras de locomotives ! — Il avait raison.

Parmi les données intéressantes que contient le livre de M. Flourens, on peut compter ce qu'il dit sur la perpétuelle variabilité des éléments qui composent un être vivant, en sorte que la plante et l'animal pourraient être considérés presque comme indépendants de leurs corps matériels. Nous n'avons pas à un âge avancé un

Jacques Babinet

seul atome des parties matérielles qui composaient notre corps dans la jeunesse. Nous avons à la lettre changé de corps, et même plusieurs fois. « Je crois l'avoir prouvé, dit le savant académicien, dans ces derniers temps par des expériences directes. » En effet, s'il est une partie dans le corps des animaux que l'on pût regarder comme fixe et invariable, ce sont assurément les os, et M. Flourens les a vus dans ses belles expériences former de nouvelles couches, perdre leurs anciennes, en un mot subir un incontestable et rapide renouvellement. *Tout change dans l'os pendant qu'il s'accroît ; toutes ses parties paraissent et disparaissent.* Après avoir cité les présomptions de Leibnitz, M. Flourens cite Voltaire : « Nous sommes, dit celui-ci, réellement et physiquement comme un fleuve dont toutes les eaux coulent dans un flux perpétuel. C'est le même fleuve par son lit, ses rives, sa source, son embouchure, par tout ce qui n'est pas lui ; mais changeant à tout moment son eau qui constitue son être, il n'y a nulle identité, nulle mêmeté pour ce fleuve. »

Chose incroyable, nous prenons ici Voltaire en flagrant délit de néologisme par ce mot de *mêmeté* qui peint du reste admirablement sa pensée. M. Flourens, qui a la modestie de ne citer ses travaux *démontrant* qu'après les idées de Leibnitz, de Voltaire et de Buffon, ne songeait pas sans doute à vérifier leurs conjectures vagues, quand il faisait ses belles recherches positives de physiologie expérimentale. Du moins, à l'époque où elles parurent, personne ne pensait à ces importantes conséquences, et l'on n'y voyait qu'une des grandes lois de la force vitale, laquelle a pu être traduite avec certitude depuis les travaux de M. Flourens par cette vérité : l'être vivant est indépendant de la matière qui constitue son corps et la force vitale y substitue continuellement des matériaux nouveaux, aux matériaux anciens. On trouve dans l'ouvrage de lord Brougham : dont j'ai parlé récemment que pour cet esprit judicieux et profond le théorème physiologique démontré par M. Flourens est une vérité connue et admise sans restriction. Suivant lui, un homme peut à sa mort avoir usé vingt ou trente corps différents. J'abandonne aux métaphysiciens toutes les inductions qui résultent de ce fait relativement à l'immatérialité du principe de l'intelligence dans l'homme.

Un mot encore sur la nature vivante ; Si la vie de la plante est quelque chose d'indépendant de telle ou telle particule de la même matière et contient un principe tout à fait distinct, l'animal, par *la volonté, l'instinct, le sentiment*, contient un autre principe distinct lui-même de la vitalité organique, et l'homme, par *son intelligence, son âme*, principe encore tout à fait distinct, constitue un *quatrième règne*, assertion dont on m'a beaucoup loué et beaucoup blâmé, et qui ne m'appartient nullement, quoique je l'aie énoncée dès 1820 dans l'un des premiers numéros des *Archives de Médecine*, et en 1825 dans un discours de solennité publique.

Comme personne n'a étudié plus que M. Ville l'action de toutes les circonstances qui influent sur la vie et le développement de certaines classes d'êtres vivants, et que personne n'a mis en œuvre comme lui les moyens pratiques qui permettent de tenter de pareils essais, notre conférence fera comprendre ce qu'on peut espérer aujourd'hui touchant la possibilité de modifier les espèces actuelles et d'en produire d'autres, soit en revenant aux espèces passées *qui ont existé*, soit en essayant de produire des espèces qui n'ont point encore paru sur le globe. Je prie le lecteur de remarquer combien peu mon langage est, affirmatif et combien peu je désire faire prendre pour des idées arrêtées des considérations d'une nature malheureusement encore trop conjecturale.

Voici ma conférence avec M. Ville.

Demande. — Peut-on croire qu'il y ait une filiation non interrompue entre les espèces actuelles et les espèces passées ?

Réponse. — En nous en tenant aux faits, nous voyons nos espèces actuelles pendant leur développement embryonnaire reproduire sous nos yeux les formes des espèces fossiles et n'en différer qu'en ce point : à savoir que les espèces fossiles se sont arrêtées à une certaine période de leur développement que nos espèces actuelles ont dépassée de manière à ne différer des anciennes que par un développement plus complet. Remarquez ces paroles expresses de M. Agassiz [1] : « C'est un fait que je puis maintenant proclamer dans la plus grande généralité, que les embryons et les jeunes de tous les animaux vivants, à quelque classe qu'ils appartiennent, sont la vivante image en miniature des représentants fossiles des mêmes familles. »

---

1 Citées dans l'étude sur *la Paléontologie, Revue* du 15 mai dernier.

Jacques Babinet

D. — Ceci, sauf la faculté de reproduction qu'il faut attribuer aux êtres vivants à chacune des phases d'arrêt de leur développement successif, concorde très bien avec ce que l'expérience a fait constater sur les arrêts de développement qu'on a pu produire dans nos espèces actuelles. Indépendamment de tous les résultats admirables obtenus par Etienne Geoffroy Saint-Hilaire, je ne puis omettre la curieuse expérience de William Edwards, qui a empêché des têtards de se convertir en crapauds ou en grenouilles, en les privant complètement d'air et de lumière. Ces têtards continuaient cependant à prendre de l'accroissement et de la force. Ils acquéraient à cet état un volume monstrueux, sans cesser d'être têtards et de vivre de la vie des poissons. S'ils se fussent reproduits par des œufs et du frai, ils auraient constitué une véritable espèce par un arrêt de développement. Il est donc permis de croire qu'au moyen des agents extérieurs on pourra modifier profondément nos espèces actuelles.

R. — La question est trop générale pour que je puisse y répondre en restant dans le cadre de mes observations, qui n'ont point dépassé le règne végétal.

D. — Alors que pouvez-vous présumer de la vie végétale aux époques primitives du monde ?

R. — L'atmosphère n'avait certainement pas alors la même composition que de nos jours. L'acide carbonique y était en bien plus grande abondance, et j'en trouve la preuve dans ces dépôts de charbon et de lignite qui constituent des bancs si étendus dans les deux hémisphères, et que la végétation dans notre atmosphère actuelle serait impuissante à produire. Toutefois cette abondance d'acide carbonique ne peut seule rendre compte de ces végétations colossales. Il fallait nécessairement la présence d'un composé azoté autre que notre azote gazeux, et beaucoup plus assimilable. Il n'est pas douteux d'ailleurs que ces végétations primitives ne puisaient rien dans le sol, puisque celui-ci n'avait pu encore être fertilisé par des détritus de générations antérieures. Nous trouvons la confirmation de ce fait dans cette circonstance importante, que les végétaux primitifs avaient acquis un développement foliacé énorme, tandis que leurs racines étaient à l'état rudimentaire.

D'un autre côté, nous savons, car nous pouvons reproduire ceci à volonté, que dans un sol de sable calciné et parfaitement privé de tout détritus végétal on peut obtenir des végétations florissantes, si l'on ajoute à l'air un composé azoté tel que l'ammoniaque, accompagné d'un excès d'acide carbonique. En opérant ainsi et par la nutrition foliacée, je suis parvenu à pousser les dimensions de certaines plantes, et entre autres d'un caladium, bien au-delà des limites ordinaires. Ainsi pas de doute : la végétation primitive s'opérait exclusivement aux dépens de l'atmosphère, et celle-ci avait une composition différente de celle de nos jours. Le composé azoté qui en faisait partie était-il de l'ammoniaque ? Je l'ai cru pendant longtemps ; mais depuis que j'ai reconnu que les nitrates dissous dans l'eau agissent comme le gaz ammoniaque, je n'ose me prononcer à cet égard, car si on réfléchit aux actions chimiques qui pouvaient se produire alors, notamment sous la puissante influence de l'électricité, on trouve à peu près autant de motifs pour admettre la formation des nitrates que celle de l'ammoniaque. Il est donc bien certain que l'atmosphère ou les eaux d'alors contenaient, au nombre de leurs principes constituants, une combinaison d'azote dont l'atmosphère et les eaux de nos jours sont dépourvues.

D. — Mais, puisque l'on peut déduire avec une certitude si inespérée les conditions qui ont présidé aux végétations primitives, ne pourrait-on revenir à la flore antédiluvienne en opérant sur les fougères, les prêles, les lycopodes, tous représentants dégénérés de ces mêmes plantes si énormes aux premiers âges du monde ?

R. — Je n'y vois rien d'impossible, surtout en ajoutant aux éléments d'une atmosphère artificielle, composée d'après les conditions qu'on vient d'énoncer, les influences réunies de la chaleur et de l'humidité. Ce que j'ai déjà obtenu dans des serres soumises au *régime* combiné de l'acide carbonique et de l'ammoniaque me semble auto riser cette présomption.

D. — Je reviens aux animaux, et je demande pourquoi on ne tenterait pas de produire sur eux les transformations qui ne paraissent pas impossibles sur les plantes. Dans une atmosphère convenable, l'éclosion des œufs d'une fourmilière pourrait-elle produire autre chose que des fourmis ? Même question par rapport au frai des poissons.

R. — Je ne puis répondre à ces questions. Les fonctions des

animaux inférieurs à l'époque de leur premier développement ne me semblent pas assez connues pour qu'on puisse tracer sans autre préparation le plan de l'expérience que vous demandez. En général, il vaut mieux opérer sur les plantes que sur les animaux, et voici pour quoi. Plus l'organisation d'un être vivant est simple, et plus nous avons de prise sur lui. Ainsi il n'est pas douteux qu'on doit réagir au moyen d'une atmosphère artificielle plus profondément sur les plantes que sur les animaux. Chez ceux-ci, la nutrition présuppose une fonction antérieure qui en est indépendante, à savoir la respiration. Dans l'économie animale, l'air sert à l'assimilation des aliments, mais il ne nourrit pas par lui-même. La nutrition s'opère au moyen d'un organe spécial. Chez les plantes, nous ne trouvons rien de semblable : ici en effet la respiration se confond avec la nutrition ; l'atmosphère n'agit pas seulement en favorisant l'assimilation des aliments comme chez l'animal, l'atmosphère est elle-même l'aliment. La nutrition ne s'opère pas par un organe spécial, mais par tous les organes à la fois. Chaque cellule est un estomac sur lequel nous pouvons agir, et les actions intérieures à la suite desquelles un végétal croît et se développe sont infiniment plus simples que les actions correspondantes dont l'animal est le siège. Ces actions se rapprochent beaucoup plus de celles que nous produisons dans nos laboratoires, car le végétal se nourrit d'eau, d'acide carbonique, d'ammoniaque, d'azote, d'oxygène, de nitrates, toutes substances appartenant à la nature inorganique, qui n'ont subi aucune élaboration antérieure, et sur lesquelles la chimie est habituée à opérer. L'animal au contraire exige pour se nourrir une matière déjà organisée. Cette matière éprouve dans l'intérieur de ses tissus des transformations infinies, dont la succession mal connue échappe aux lois de la chimie, et sur la vraie cause desquelles on possède plus de présomptions que de preuves.

D'un autre côté, quelle disparate n'y a-t-il point entre les effets que nous pouvons produire sur les animaux et sur les plantes au moyen des agents impondérables ! Et pour n'en citer qu'un exemple, une élévation de température, qui est sans influence sur l'animal, imprime au contraire à la végétation une activité surprenante.

En présence de tous ces faits, il me paraît impossible de ne pas donner la préférence aux plantes pour tenter les expériences

Section III.

que vous demandez. Pour terminer et pour conclure, s'agit-il de rechercher si les espèces animales changent ou ne changent pas sous l'empire des influences physiques, et si, après chaque révolution du globe, les générations nouvelles qui apparaissent sont le produit d'une création nouvelle, ou descendent des espèces antérieures ? Je décline la responsabilité de tout plan d'expérience conçu en vue de décider ce point difficile de zoologie théorique. Pourtant, si nous nous en tenons aux faits, il est impossible de méconnaître l'importance de l'élément nouveau que M. Agassiz a introduit dans le débat, lorsqu'il a substitué à l'idée d'une espèce se changeant en une autre espèce l'idée de deux espèces différentes provenant de deux germes semblables, dont le développement aurait acquis des degrés différents par la seule action des influences extérieures, et j'avoue que lorsque nous voyons nos espèces actuelles repasser, à partir de la première évolution du germe, par toutes les phases d'organisation auxquelles les fossiles des mêmes familles se sont arrêtés, le doute me paraît encore moins fondé. Voici de la théorie ; mais quant à l'expérience, si l'on veut attaquer le problème, l'idée qui se présente à l'esprit, ce n'est pas de pousser nos espèces actuelles au-delà de l'échelon auquel elles sont parvenues, mais d'arrêter l'embryon dans le cours de son développement, d'étendre, de généraliser l'expérience de William Edwards sur le têtard, expérience qu'à ma con naissance notre profond physiologiste M. Claude Bernard a reproduite et vérifiée.

Si des animaux nous passons aux plantes, la question change complètement d'aspect. Ce qui doit nous préoccuper, c'est bien moins de transformer une plante en une autre plante que de reproduire, sur celles des plantes actuelles qui correspondent aux végétations primitives, un excès de développement qui les en rapproche, afin de pouvoir ensuite conclure de la similitude des effets à l'analogie ou à l'identité des causes. Le problème imposant dont nous entrevoyons alors la solution, c'est d'éclairer l'histoire physique de la terre par des expériences de physiologie, et de reconstituer ainsi la météorologie primitive du globe. J'hésite d'autant moins à vous soumettre ces vues nouvelles, auxquelles mes études sur la végétation m'ont conduit, que personne autant que vous ne pourra les contrôler et les introduire dans le domaine public de la science.

Jacques Babinet

À part le compliment final, qui était d'obligation, on voit que le résultat de l'enquête consciencieuse à laquelle nous venons de nous livrer, c'est qu'il y a peu d'espoir d'arriver à changer artificiellement les espèces animales, bien que l'idée d'agir expérimentalement sur les embryons et les germes de manière à les arrêter à diverses phases de leur développement pour reproduire les espèces fossiles, soit une vue importante qui mérite d'être signalée au physiologiste expérimentateur. Il va sans dire, et c'est la que gît la principale difficulté, qu'il ne suffit pas seulement d'arrêter un développement organique : il faut encore y joindre la faculté reproductrice pour compléter une espèce. Cette *sexualité* du reste, dans beaucoup de cas, semble bien accessoire. Pour de nombreux animaux, prendre ou ne pas prendre de sexe, c'est le résultat de circonstances des plus insignifiantes, et beaucoup d'insectes ne vivent que très peu de temps à l'état d'animaux reproducteurs. Ainsi *un simple plan pour tenter une expérience dont nous ne prévoyons pas l'issue, voilà tout ce que nous pouvons donner au lecteur sur cette question de la permanence ou de la variation des espèces animales, tant controversée depuis le commencement de ce siècle.*

Cette étude n'aura pourtant pas été sans utilité : elle nous montre comment la voie rigoureuse de l'expérience peut à l'improviste nous ouvrir des perspectives nouvelles. En essayant les divers moyens d'agir sur les plantes, M. Ville se trouve conduit à la possibilité de reconnaître qu'elle était primitivement la composition de l'atmosphère terrestre, résultat qui, obtenu par des expériences bien coordonnées, serait l'une des plus belles conquêtes de la science moderne, et c'est, à mon avis, une de celles qu'un avenir prochain doit réaliser.

À tout prendre, il est vraiment fâcheux que la science réponde à l'imagination par une négation presque absolue. Il eût été si beau de se figurer la création se modifiant à volonté sous l'empire du génie de l'homme ! Il y a loin de nos tristes *positivités* scientifiques aux jeux brillants de l'imagination, qui nous montrait pour les âges futurs de notre monde terrestre la naissance d'un être plus parfait que l'homme, et qui serait à celui-ci ce que l'homme est aux animaux. On avait parlé d'un être qui aurait d'autres sens que nous, et par exemple qui pourrait *voir* dans les corps au moyen de l'électricité. Cette idée se rattachait un peu aux curieux phénomènes

Section III.

du somnambulisme et du magnétisme animal ; mais l'homme, malgré sa supériorité sur la brute, n'a point de sens que l'animal ne possède. Ainsi l'analogie nous fait défaut dans cette conjecture. On avait présumé que cet être supérieur pourrait agir sur la matière et commander aux êtres matériels de se mouvoir sans les toucher. À cela on répond que l'homme, pas plus que le chien, ne peut déplacer un corps pesant sans agir mécaniquement sur lui. On a parlé de prescience de l'avenir, de science infuse, de communication directe avec la Divinité ; que sais-je ? on a même entrevu une petite délégation de la puissance créatrice !... Je ne conclus pas. Je laisse le champ libre à l'imagination des métaphysiciens.

ISBN : 978-1540552549

Jacques Babinet

www.ingramcontent.com/pod-product-compliance
Lightning Source LLC
Chambersburg PA
CBHW061454180526
45170CB00004B/1698